Martin Eder

Zusammenfassung des Buches "Deutschland. Die östliche Mitte" von Klaus Rother

GRIN Verlag

Bibliografische Information der Deutschen Nationalbibliothek:

Die Deutsche Bibliothek verzeichnet diese Publikation in der Deutschen National-
bibliografie; detaillierte bibliografische Daten sind im Internet über http://dnb.d-
nb.de/ abrufbar.

Impressum:

Copyright © 1997 GRIN Verlag, Open Publishing GmbH
Druck und Bindung: Books on Demand GmbH, Norderstedt Germany
ISBN: 978-3-668-00107-7

Dieses Buch bei GRIN:

http://www.grin.com/de/e-book/301714/zusammenfassung-des-buches-deutschland-
die-oestliche-mitte-von-klaus

Räumliche Tendenzen nach der Wiedervereinigung

Deutschland – Die östliche Mitte

Sachsen

Thüringen

südliches Sachsen-Anhalt

1   Begriff:

▲ politische und geographische Begriffsbildung

problematischer Begriff: östliche Mitte, Mitteldeutschland, Ostdeutschland ?

➢   Entstehung des Begriffs:

„mitteldeutsches Sprachgebiet"

„mitteldeutsche Gebirgsschwelle"

Mitteldeutschland = kompaktes Gebilde inmitten des Deutschen Reiches

➢   Bedeutungsgehalt:

eigenständige Region

durchgängiger Binnenraum, der zwischen O und W, N und S vermittelt

naturräumliche:	niederschlagsreiche, sommerkühle Mittelgebirge
	trockene, warme Talräume, Becken, Ebenen
siedlungsgeographisch:	Altsiedelland
	Kolonialland
	Kontrast der Siedlungsformen im west-östl. Sinn
politisch-territorial:	Fürstengeschlecht der Wettiner
	↓
	sprachlich-kulturelle Einheit „Mitteldeutschlands"
	zersplittertes Territorium Thüringen
	Kursachsen

2   Die äußeren Grenzen

keine wirklich trennenden Schranken von Natur aus

breite Durchlässe

Übergänge zu allen Seiten hin offen

im Süden: Kammlinien von Thüringer Wald, Frankenwald, Fichtelgebirge

im W und Erzgebirge und Lausitzer Gebirge im O

im Norden: Schwelle von Fläming und Lausitzer Grenzwall im NO,

Flechtinger Höhenzug im NW

im Westen: Höhensaum von Hainich, Eichsfeld, Ohmgebirge, Harz

im Osten: deutsch-polnische Staatsgrenze

~14 % der Fläche Deutschlands

12 % der Einwohner Deutschland

Einwohnerdichte   188 (D = 228)

3   Probleme der Neugliederung

nach dem Relief

historisches Territorium: Freistaat Sachsen seit 1815

Freistaat Thüringen seit 1920

Land Sachsen – Anhalt seit 1947

Favorit war „großmitteldeutsche" Lösung → Vereinigung zu einem Bezirk

administrative Dreigliederung als Kompromiss

Naturräumliche Grundlagen

1   Die orographische Gliederung

drei Reliefstockwerke: Mittelgebirge > 800 m

Berg- und Hügelländer > 500 bzw. > 200 m

Tief- und Flachländer < 200 m

➢   Mittelgebirge: hochliegende Flachformen und scharf eingeschnittene
Täler

Saalisches Schiefergebirge =   Thüringer Wald

+ Vogtländisches Schiefergebirge

= asymmetrisch aufgebaut:

steil im S und sanft im N

Harz Brocken (1142 m)

von tiefen Talkerben zerschnitten, radstrahlige Gewässer

Erzgebirge: Kulminationsgebiet Fichtelberg (1214), Keilberg (1244)

tiefe Kerbtäler   Zwickauer Mulde, Zschopau, Flöha,

Freiberger Mulde, Weißeritzen

Elbsandsteingebirge = Tafelland mittlerer Höhe

Zittauer Gebirge

➢   Hügel- und Bergländer

Werrasenke

Thüringer Becken

südliches Harzvorland eher flach als hügelig

➢   Tief- und Flachländer

nördliches Harzvorland: mehrere kleine Höhenzüge in Harznähe

östliches Harzvorland

Elbtalweitung

Erzgebirgsbecken

Fläming und Lausitzer Grenzwall/Landrücken

Leipziger Tieflandsbucht

2 Bau und Oberflächenformen

2.1 Die Höhengebiete

mitteldeutsche Großscholle: Flechtinger Höhenzug, Harz,

Hettstedter Brücke, Thüringer Wald

Erzgebirge, Fichtelgebirge

Rumpfschollenrelief: Erdkrustenbewegungen:

variskische Basis – Grundgebirge

jüngere Deckschichten – Deckgebirge

Muster aus Hoch- und Tiefschollen

Hochscholle: variskischer Unterbau = unverhüllt

Horste des Thüringer Waldes + Harzes

Pultschollen des Saalischen Schiefergebirges

und Erzgebirges

Tiefschollen: mesozoische Schichten verhüllen den

Unterbau

Thüringer Becken

Harzvorländer

Elbsandsteingebirge

> Süd-Nord-Profil im Westen

W liegt tektonisch tiefer → vielfältigere Oberflächenformen

Süd-   → Thür. → Thür. → Harz → Subherzynes → Flechtinger

thür.-   Wald   Becken   Becken   Höhenzug

Hauptwasserscheide zwischen Werra und Saale = Kammgebirge des

Thüringer Waldes

vorherrschendes Rotliegendes (Perm)

in Becken v. a. Zechstein, Bundsandstein, Muschelkalk und Keuper

Synklinal – Schichtstufenlandschaft: Neigung im Beckeninneren

Schichtrippen an Störungszonen

➤ Süd-Nord-Profil im Osten

tektonisch höherliegender Ostflügel → einfacherer und großzügiger Bau

ungestörtes Grundgebirge, junge Sedimente fehlen

fünf Teilzonen von SW nach NO: Antiklinale des Erzgebirges

Mulde des Erzgebirgsbeckens

Aufwölbung der mittelsächsischen

Hügellandes

Nordsächsische Mulde

Nordsächsischer Höhenzug

Erzgebirge: bruchtektonische Vorgänge im Tertiär

heftige vulkanische Tätigkeit

Erzhöffigkeit →Bergbau auf Edel- Buntmetall, Eisenerz

Kuppen und Tafelberge aus Basalt:

▲ präbasaltisches und postbasaltisches Relief

↓   ↓

flachwelliges → basaltische   Täler = jetzt

Tälerrelief   Lavaergüsse   Höhen

Mittelsächsisches Hügelland: erzarmer Granulitstock

Nordsächsische Mulde + Nordsächsischer Höhenzug: Porphyre

Porphyrtuffe

Elbtalzone   kompliziert aufgebauter tektonischer Graben

Elbsandsteingebirge   waagrechte Lagerung der Kreideablagerungen

↓→   Schichttafelland

Tafelberge: z. B. König-, Lilien-, Papststein

Kerbtäler

verschiedene Kleinformen der Verwitterung

2.2   Das Tiefland

Pleistozän – Ereignisse

quartäre Aufschüttungen = dünner Schleier über dem älteren Untergrund

glazigene Aufschüttungen aus Alt- und Mittelpleistozän = Altmoränen

Feuersteinlinie = Grenze des Vorstoßes der Elster-Eiszeit

Reihenfolge der Eiszeiten Elster (Mindel) –Saale (Riß)- Weichsel (Würm)

zweigeteiltes Tiefland: offenes Lößland des Südens

lößfreies Waldland des Nordens

lößreiches Tiefland: Magdeburger Börde

Köthener Lößebene

Lößhügel- und Lößplattenländer der Leipziger

Tieflandbucht und Nordsachsens

lößfreies Tiefland: Talsandebenen und –terrassen mit kleinen und

großen Dünenfeldern

vermoorte Stellen und langgezogene Altwässer

Böden, Klima, Gewässer natürliche Vegetation bilden mit dem Relief einen

raumwirksamen Kausalkomplex!

3 Die Böden

Verwitterungshorizont des Gesteins, klimazonal angeordnet (Bodentyp) und vertikal differenziert

Bodenbildung und –differenzierung hat sich innerhalb eines kurzen Zeitraumes vollzogen.

vorherrschende Böden = Braunerden ausgereifter und diffus abgegrenztes ABC-Profil (Ober- Unterboden, Ausgangsgestein)

▲ Tiefland – Höhengebiete

lößfreies Tiefland Parabraunerden

           im Heidegebiet v. a. Pseudogleye, Podsolböden

           Nassböden (Auen- und Moorböden)

auf Lößgürtel   Schwarzerden→   Magdeburger Börde

            ↓   Köthener Lößebene

            ↓   nördliches Harzvorland

            ↓   Thüringer Becken

      optimale Krümelstruktur, hoher Kalkgehalt → große natürliche

                Fruchtbarkeit

Im Thüringer Becken sind die Bodenarten gesteinsabhängig:

      Schwarzerden auf lößbedecktem Keuper

      Humuskarbonatböden (Rendzinen) auf Muschelkalk / Zechstein

      podsolierte Braunererden auf Buntsandstein

In Höhengebieten = Podsole typisch

      lehmige Böden über kristallinem Gestein (Harz, Erzgebirge)

      tonige Böden über paläozoischen Schiefern (Saalisches

              Schiefergebirge)

      sandige Böden über Konglomeraten des Rotliegenden (Thüringer

              Wald)

Ertragsfähigkeit → Bodenwertzahlen getrennt für Acker- und Grünland

↓

Wert eines Grundstücks

sehr gut	100-81	z. B. Köthener Lößebene, Magdeburger Börde
gut	80-61	z. B. Thüringer Becken, nördliche Oberlausitz
mittel	60-41	z. B. Hügelländer, Altenburger Börde
schlecht	40-26	z. B. Bundsandsteingebiete lößfreie Talzonen
sehr schlecht	< 25	z. B. Hochlagen der Mittelgebirge

4   Klima und Gewässer

Region = wintermild, sommerfeucht und immerkühl → feuchtkühlgemäßigtes

Klima

ektropische Westwindzone mit ganzjährig zyklonaler Tätigkeit

Binnenlage → Übergang zwischen ozeanischem und kontinentalem Klima

➢   thermisches Klima

Jahresschwankungen unter 20°C

▲kühle Höhengebiete (ozenanische Temperaturen und große Windstärken)

und

warme, oft windstille Niederungen und Beckengebiete

Gunsträume im Tiefland ↔ Ungunsträume im Bergland

Vollfrühling (Apfelblüte) + Hochsommer (Winterroggenernte)

zuerst im Thüringer Becken

im Tiefland an Saale, Mulde und Elbe

➢   hygrisches Klima

Höhenlage entscheidet über Niederschlagsmenge

Luvlagen der Mittelgebirge = trocken

Leelagen der Mittelgebirge = besonders feucht, hohe Schneehöhen

Harz ist atlantischer als das Erzgebirge

Oberröblingen westlich von Halle = niederschlagsärmste Station Dtlands

Klimateilgebiete:

    1) ozeanisch beeinflusste Becken- und Hügelländer des Westens

    2) kontinental beeinflusstes Tiefland im Osten

    3) Stau- und Leebereiche des Gebirgsvorlandes

    4) Montanstufe der Gebirge

1 = klimatisch bevorzugt: sommerliche Temperaturen

    Frost beginnt spät und endet früh

    aber nur wenig Niederschlag

GEWÄSSER:

ausschlaggebend =   Gesteinsuntergrund

    Oberflächenform

    Klima

Alterunterschied → je nördlicher umso jünger

stehende Wasserflächen bei Lösung des Gesteins in Dolinen des Karstreliefs

➢   Gewässerdichte

schwankt je nach Bodengrund

= größer   auf kristallinen Gesteinen der Mittelgebirge (engmaschig)

    in grundwassernahen Flussauen des Tieflandes

    als   im Lößgürtel

    auf den durchlässigen Kalksteinen des Thüringer Beckens

➢   Abflussspende

hoch bei den Flüssen der Mittelgebirge wegen geringer Grundwasserführung

der kristallinen Gesteine

➢ Abflusstypen

- Übergangstyp des zentraleuropäischen Mittelgebirgslandes höherer Lagen (Harz, Thüringer Wald, Schiefergebirge)
- Übergangstyp des zentraleuropäischen Mittelgebirgslandes tieferer Lagen und Becken (Thüringer Becken)
- Kontinentaltyp der zentraleuropäischen Mittelgebirgslandes höherer und mittlerer Lagen (Erzgebirge bis Zittauer Gebirge)
- Übergangstyp des zentraleuropäischen Tieflandes

5 Das naturräumliche Pflanzenkleid

Schlussgesellschaft = Klimax

➢ Wald:

Bewaldungsziffer in höheren Mittelgebirgen bis 2/3 (im Harz 85 %)

auf Sandern der Niederlausitz 45 %

in den Lößgebieten 5 %

Region = potentielles Waldland

Zone der sommergrünen Laub- und Mischwälder

Kerngebiet subkontinentaler Eichenmischwald

3 meridional verlaufende Streifen:

Vorposten = Rotbuchenwälder

breite Mittelzone = Eichen-Hainbuchenwald

östlich der Elbe Birken-Stieleichen-Kiefernwald

Bergmischwald = ein Buchen-Tannen-Fichtenwald, Fichtenstufe in den höchsten Regionen

niedere Höhengrenze des Waldes

obere Waldgrenze wird am Brocken überschritten

Auwälder: hoher Grundwasserstand

azonale Vegetationsformation

Weichlaubgehölze (Pappeln, Weiden, Erlen, Eschen, Ulmen)

➢   Heiden:

lichtliebende Pflanzengesellschaft

steile Felshänge, exponierte Kuppen, Prallhänge der Durchbruchstäler

➢   Moore:

in wasserstauendend Flachregionen des Nordens

Hochmoore: im Oberharz

im westlichen Erzgebirge

6   Das Naturraumpotential

nutzbare natürliche Ressourcen

Lößgebiete = die am besten ausgestatteten Teilräume des Tieflandes

Mittelgebirgsregion = ungünstig für landwirtschaftliche Zwecke

Erzvorkommen → Bergbau

Ältere Entwicklung des Kulturraums

Einblick in kulturräumliche Ordnung soll Grundlagen offen legen

> größter zusammenhängende frühmittelalterliche Siedlungsraum
  Mitteleuropas: Mensch konnte sich hier mit einfachen
                     Kulturtechniken der natürlichen Umwelt leicht
                     anpassen.
> Elbe-Saale-Linie: Trennung von altem deutschen Reich im Westen und
                     slawisch geprägten Kolonialgebiet im Osten
                     siedlungsgeographische Scheidelinie

1   Historisch-territoriale Grundzüge

> Frühmittelalter:

Völkerwanderung – 900

Hermunduren, Vorläufer der Thüringer + andere germanische Völker
(Warnen, Angeln)

Thüringer Becken – ostelbisches Gebiet

Thüringerreich bricht unter Übermacht der Franken (unterstützt von den Alt-
Sachsen) auseinander.

dreigeteiltes Grenzland:
          westlich der Saale (Alt-) Sachsen im Norden
                     Franken im Süden
          östlich der Saale = sorbisches Siedlungsgebiet

Christianisierung durch die Franken: KARL der Große → fränkische
Oberhoheit

> Hochmittelalter:

Thüringen wird unter den sächsischen Kaisern (Ottonen) zum Kerngebiet des
Reiches: Machtzuwachs durch Schaffung neuer Territorien
                     Ausbreitung des Christentums

Überbevölkerung + soziale Abh. im Altland

Eroberung slawischer Grenzmarken unter HEINRICH I. und OTTO dem Großen

Burgwarden an zentralen Punkten →später = Städte

Besiedlung , denn „Siedlung schafft Herrschaft"

Ostkolonisation = Ausdruck des Bevölkerungs- und Wirtschaftswachstums
des mittelalterlichen Europas

Expansion überwand Elbe-Saale-Linie als polit. Grenze

erste große Welle der Stadtgründungen

➢   Spätmittelalter

Aufstieg der Landesherrschaft

weltliche und geistige Grundherren   → Zersplitterung in eine Vielzahl
kleiner Herrschaften

Wettiner: Mark Meißen / Erzfunde im Freiberger Revier

Herzogtum Sachsen → Kurwürde = hervorragende Stellung
größtes geschlossenes Territorium

➢   Frühe Neuzeit

Teilung in der Erbfolge Kurfürst Friedrichs II.

→ Leipziger Teilung   ernestinische Linie im Westen
albertinische Linie im Osten

Reformationszeitalter → große geistig-kulturelle Wirkung :   Glaube

Schriftsprache

Höhepunkt = augustinisches Zeitalter: Handelsplatz Leipzig

Barockmetropole Dresden

➢   Gegenwart

15

ab 18./ 19. Jh.

Mittelpunkt deutschen Geistesleben

Dreiteilung 1818 in   Königreich Sachsen

                                   preußische Provinz Sachsen

                                   thüringische Kleinstaaten

➔ politisch-territoriale Einheit nur Ende des Mittelalters

➔ aber Mitteldeutschland = eine gesellschaftliche, wirtschaftliche und

                                   sprachlich-kulturelle Einheit

2   Die Siedlungen

Flurformen herkömmlicher Prägung durch Kollektivierung in der DDR-Zeit
fast vollständig verschwunden

Gefüge von Siedlungen und Siedlungsraum seit Jahrhunderten persistent

2.1   Der ländliche Raum
alt und jung besiedelte Teile

Zeitgrenze im 9. Jh.

Gruppensiedlungen unterschiedlicher Gestalt und Größe

Einzelsiedlung fehlt

Vorherrschaft des Gehöfts

➢   Das Altsiedelland

breite Zone umfasst   nördliche Tief- und Hügellandgebiete

                                 Harzvorländer, Magdeburger Börde, Köthener

                                 Lößebene, Leipziger Land

                                 Thüringer Becken, Nordsachsen

Wohngauen ≈ süddt. Gäulandschaften

Haufen- Haufenwegedörfer, Gewannfluren

phasenhafte Vergrößerung durch inneren Landesausbau im FMA

befestigte Burgwälle = Verwaltungsmittelpunkte

Weiler, Rundlinge (selten) umgeben von Blockfluren

Ortsnamenendungen = charakteristisch für Besiedlungszeit:

Altsiedelland

Landnahmezeit	bis 300	z. B. -affa, -aha, -stedt
	300-531	z. B. -leben, -lingen, -ungen
Erster Ausbau	531-800	z. B. -hausen, -heim, -dorf
Zweiter Ausbau	650-900	vereinzelt slawische Ortsnamen wl. der Saale

Jungsiedelland

Dritter Ausbau   800-1300   Rodungsvorgang oder Ortslage

im NW   -walde, -hain

in der Mitte -rode

im S   -reut(h), -grün

> Das Jungsiedelland

im Hochmittelalter neues Kulturland durch planmäßige Rodung

Binnenkolonisation:	kleinere Areale im Waldland der Höhe
	Rodeweiler mit Blockflur
	Reihensiedlungen mit Hufenflur
Außenkolonisation:	östlich der Saale seit 12. Jh.
	in allen Einheiten: Tief-, Hügel- und Bergländer
	allmähliches Eindringen → friedliche Kolonisation
	erstmalige Erschließung durch Rodung

Siedlungsmuster: geplante Linearform

im N kompakte Dörfer, Kleinsiedlungen

im S lockere, langgestreckte Siedlungszeilen

Straßen- Angerdörfer im Tiefland

Dreifelderwirtschaft   (Plan-)Gewannfluren ohne und

Gelängefluren mit Hofanschluss

slaw. Kleinsiedlungstruktur: Weiler mit Block-/Streifenflur

sorb. Kerngebiet: Rundlinge und Sackgassendörfer

Waldhufendörfer in neu erschlossenen Waldgebieten

Behausungsformen: Gehöft: Drei- oder Vierseiter mit Toreinfahrt

Einhaus-Form :   Lausitzer Umgebindehaus

Erzgebirgshaus

2.2   Die Städte

neue administrative und wirtschaftliche Mittelpunkte

neu gegründet ↔ Anschluss an frühmittelalterliche Vorsiedlungen

➢   Städtegeneration

städtische Siedlung → Rechtsbegriff: vom Grundherren verliehenes Stadtecht

↓

Markt-, Münz-, Zollrecht

Recht auf Ummauerung, eigenen Gerichtsbarkeit

Auslöser = arbeitsteiliges Wirtschaften, Machsteigerung, wirtschaftliche Kraft

erste Städtegeneration: bischöfliche Städte: Erfurt, Magdeburg, Halle

Reichsstädte   im Anschluss an Reichskloster

neu durch weltl. Landesherren

neu durch geistl. Landesherren

zweite Städtegeneration: Auffüllung der Fläche durch Siedlungen mit lokaler

bzw. regionaler Verwaltungs-, Markt- und

Gewerbefunktion

dritte Städtegeneration: Vielzahl von Zwergstädten

frühneuzeitliche Städtegründungphase:

Absolutismus

Planstadt nur Fürstenburg Oranienbaum

Berg(bau)städte: wirtschaftlicher Zweck

erste Siedlungswelle in den Kammlagen

Oberharz: 30 entstanden

Erzgebirge 40

Gründungwelle 1470-1550

enorme Städtekonzentration

ältesten Städte =am größten, jüngsten = am kleinsten, Ausnahme = Bergstädte

➢ Städtetyp

keine Besonderheiten, die nicht auch anderswo in Mitteldeutschland

anzutreffen sind

im W dominiert der traufseitige Fachwerkbau

im N niedersächsische Elemente

im S fränkische Elemente

<u>Kulturraum im Industriezeitalter</u>

stärkste Veränderungen und Höhepunkt der Kulturlandschaft in der
Zwischenkriegszeit

industrielle Revolution → Gegensatz zwischen Tiefland und Mittelgebirgen

1   Die Wirtschaftsektoren.
Leitlinien von Entwicklung und Struktur

<u>1.1   Die Landwirtschaft</u>
Mitteldeutschland = ein von (Bauern-) Wald durchsetztes Agrarland

➢   Agrarverfassung

- bäuerliche Betriebe   im W auf altfreien germanischen Gemeinden

    des Frühmittelalters

    im O Ostbewegung des Hochmittelalters

- Gutsbetriebe: Freihufen der Siedlungsunternehmer (Lokatoren)

    Ackerhöfen der Lehensritter

    Besitztümer von weltlichen und geistlichen

    Grundherren

- Beseitigung der Feudalrechte Anfang des 19. Jh.

- Bürgertum gelangt in Großgrundbesitz

    freie Gestaltung der Betriebsorganisation → Individualwirtschaft

    Ausweitung der landwirtschaftlichen Nutzflächen

    Intensivierung des Anbaus

- Steigerung der Erzeugung →

    Einführung neuer Kulturpflanzen (Kartoffel), Industriekulturen

    (Zuckerrübe, Tabak)

    geregelte Düngerwirtschaft

    Maschineneinsatz

    Stallhaltung des Viehs

rationellere Landnutzungsformen

- Marktorientierung → Spezialisierung
- Betriebsformen (-größen)

N-S-Gefälle

es überwiegen klein- und mittelbäuerliche Betriebe

ostelbisches Großgrundeigentum

Arbeiterbauerntum   links der Saale Realteilung

rechts Anerbenrecht → keine Zersplitterung !

➤ Die Agrarregionen

natürliche Bedingungen - historische Prozesse - wirtschaftliche Faktoren

- Bodennutzung: Fläche der Hauptfruchtarten

vorherrschendes Ackerbau-/ Viehhaltungssystem

Betriebssystem
- vier Agrarregionen:
  - hochwertiger Ackerbau:

    ertragsintensiver Hackfrucht-Getreidebau

    guter bis sehr guter Boden / Leelage

    rund um den Harz

    Zentren = Magdeburger Börde, Lößgebiete

    Dauergrünland < 5 %
  - Ackerbau mittlerer Güte:

    Getreide-Futterbauzone mit eingestreutem Hackfruchtanbau

    höhere Niederschläge, mittlere Böden

    südl. und westl. Thüringer Becken, nördl. Sachsen
  - Viehhaltung (Grünlandwirtschaft)

    Futter-Getreidebau

    hohe Niederschläge, arme Böden

    oder staunasse Flussniederungen

21

Bergländer, Gebirgslagen

Dauergrünland > 55 %

- Sonderkulturen

    Wein-, Obst- Gemüsebau

    Gartenbau von Erfurt

    Teichwirtschaft der Oberlausitz

    natürliche Gunstlage + wirtschaftliche Faktoren =

    ausschlaggebend

- Betriebsverhältnisse: 2 Extreme
    - trockene, schwarzerdreiche Lößböden

        vorherrschender Zuckerrüben- und Weizenanbau

        unbedeutende Groß- und Kleinviehhaltung

        großbetriebliche Basis

        Vollerwerbsbauern /-landwirten
    - feuchten Mittelgebirge

        Dominanz des Grünlandes

        Rinderhaltung

        untergeordneter Ackerbau

        kleinbetriebliche Basis

        Nebenerwerbsbauern

1.2 Der Bergbau

➢ Der alte Bergbau der Mittelgebirge

- Erzgebirge

Edel- und Buntmetallerze

Gründung der Freiberger Bergakademie → Wiege der Geologie Dtls.

Blütezeit im 15. /16. Jh.

Silber für Münzen, Blei für Feuerwaffen, Eisen für Werkzeug

Fusion der Unternehmen

Ende 16. Jh. Beginn des Niedergangs – 30-jährigen Krieg

- Erschöpfung der abbauwürdigen Lagerstätten
- Holzmangel
- Wasserprobleme
- wachsende Konkurrenz

Wirkung:

- o Waldrodung –verwüstung
- o Anlage von Schlämmteichen
- o Bergschäden
- o dichtes Straßennetz
- o Stadtgründung – Erschließung der Gebirgs-Kammlagen
- o Fernwirkung: Aufstiegs Leipzig + Barockresidenz Dresden
- o Zuwanderung + natürliches Wachstum
- o gleichmäßige Bevölkerungsverteilung
- o Verhüttungsbetriebe, Metallgewerbe
- o Unternehmensschicht
- o Erfindergeist → neue Gewerbe

- Harz

Blüte und Neidergang im Bergbau und Hüttenwesen

Reststandorte haben überlebt

Kupferschiefer im Mansfelder Land

Steinkohlelager → Energiequelle

geringe Qualität, ungünstige Abbaubedingungen, altertümliche

Fördermethoden, Lohnkonkurrenz des Uranbergbaus → Ende 1971 / 1977

➢ Der junge Bergbau des Tieflands

Bodenschätze des Deckgebirges

- Salzvorkommen

  als Salzstöcke oder als flachlagernde Sedimente

- Steinsalz: Kochsalz der Zechsteinlager, Sodquellen

                    frühe wirtschaftliche Bedeutung des Rohstoffes
- Kalisalze: Herstellung von Kunstdünger

                    Ausgangprodukt für die chemische Industrie

                    Verwendung je nach Mineralgehalt

- Braunkohlelager
  - Brikettkohle: Brennstoff für Industrie, Heizwerke und Haushalt
  - Kesselkohle: Stromerzeugung in Kraftwerken
  - Schwelkohle: Gewinnung von Teer, Mineralölen, Treibstoff

Entwicklung des Braunkohletagbergbaus

- o erste Phase: Förderung an mehreren Stellen auf klein und kleinstbetrieblicher Grundlage
- o zweite Phase: Brikettierung → Transport

                    Mechanisierung des Abbaus +

                    industrielle Weiterverarbeitung

                    Heizmaterial in Zuckerfabriken

                    kleine Abbaugebiete + große Reviere

                    Bitterfelder Revier
- o dritte Phase: Ansiedlung von Großbetrieben

                    Chemiekonzerne

                    großtechnischer Abbau

                    Auskohlung + Überbaggerung

Wirkungen:

- landwirtschaftliche Veränderungen →Zerstörung
  - Entzug wertvoller landwirtschaftlicher Nutzflächen
  - Verlegung ländlicher Siedlungen
  - Absenkung des Grundwasserspiegels
- Aufbereitungs- und Verarbeitungsanlagen

- immense Luftverschmutzung
- Beschäftigungsmöglichkeiten für viele Menschen
- Bildung des Ballungsraumes Halle-Leipzig → wachsende Verstädterung → Umbruch in Gegenwart
- Energielieferant + Brennstoff = tragende Rolle

1.3   Die Industrie

▲ Mittelgebirge – Tiefland
▲ Süd-Nord-Kontrast

➢   Die Industrie der südlichen Mittelgebirge und ihrer Vorländer
- Die gewerbliche Vorphase
Handarbeit mit Zuhilfenahme von Werkzeugen und einfachen Geräten
von Anfang bis Ende ohne Arbeitsteilung vom Handwerker gefertigt
großer Auftrieb im Merkantilismus: gefördert durch den Landesherren
                                       durch neue Handelsbeziehungen
rohstofforientiert und spezialisiert auf bestimmte Produkte
Textilgewerbe   Anbau von Flachs, Lein und Viehhaltung (Schafe)
Erzbergbau und Erzhütten
Metallhandwerk
Wälder: Holzrohstoff, Heilkräuter
Hausindustrie: Neben- oder Zuverdienst → Verlagssystem:
                                         ↓
                                       Abhängigkeit
                                       Unternehmer (Verleger)
                                       und Verlegte (Handwerker)
Manufakturen: selbstständige kleine Familienunternehmen
                Lohnarbeiter
                arbeitsteilige Produktherstellung in Handarbeit

- Industrialisierung

  Massenfertigung nach standardisierten Mustern

    große Kapitalmenge

  vielköpfige Lohnarbeiterschaft

  maschinelle Produktion

  Triebfedern =   technische Neuerungen

                     Aufbau des Eisenbahnnetzes

                     Wegfall der Zollschranken

                     Gewerbefreiheit

                     Anfänge des Bankenwesens

                     vehement wachsende Bevölkerung

  Industrie =abhängig von Verkehr, Absatz und Arbeitskraft

  - Mittelbetriebe: 10-100 Personen

                     v. a. in höheren Regionen

  - Großbetriebe: Eigenkapitalbildung

                     Werke mit nat. und internat. Geltung

                     Energie auf Braunkohlebasis

                     Gebirgsvorländer und -becken

  → Industrieregion ersten Ranges →   Überindustrialisierung

                                       negative Folgeerscheinungen

- Industriegebiete

  Schwerpunkte

  Wirtschaftsregion im Herzen Mitteleuropas

  Vorherrschaft der Verbrauchsgüterindustrie

  Verteilung auf Vielzahl von Standorten

  - westsächsisch-ostthüringisches Industriegebiet

                     Westerzgebirge, Erzgebirgsbecken, Saalisches

                     Schiefergebirge, Mittelsächsisches Hügelland

Chemnitz, Zwickau

Textilindustrie, Bekleidungsbranche: Spinnmaschine

mechan. Webstuhl

Rohstoff Baumwolle

Metallindustrie: Fahrzeuge aller Art, Zulieferindustrie

elektrotechnische Industrie

Holzstoff-, Papier- und Pappefabrikation

Spielwaren und Musikinstrumente

- Industriegebiet des Thüringer Waldes

Klein- und Mittelbetriebe = maßgebend

Metallgewerbe: Maschinen- und Fahrzeugbau (Eisenach)

Porzellan- Glasindustrie

➤ Die Industrie des westlichen Tieflands

- zentrale Lage
- früh entwickeltes Verkehrsnetz radial ausgehend von Halle und Leipzig
- große Flächenreserven in der Ebene
- mitteldeutsches Industriegebiet = polyzentrisch aufgebaut
- Bergbau und Industrie = innig verflochten
- geringes Alter
- standortbildende rohstofforientierte Erzeugung
- großbetriebliche Struktur
- einseitige Branchengliederung mit der Dominanz der chem. Industrie
- Industrielandschaft mit ländlichen Siedlungen großer zahl bzw. große Gebiete ohne Industrie dazwischen
- Nahrungsmittelindustrie

Zuckerfabriken

27

Konservenfabriken

- chemische / elektrochemische Industrie

Energieerzeugung

Braunkohle-Folgeindustrie

drei Gebiete: Bitterfeld, Wolfen

                      Merseburg

                      Böhlen, Espenhain

Interessengemeinschaft IG Farben

Leuna Werke: größte Industrieanlage Mitteldeutschland

Erzeugung von Ammoniak und Methanol: Produktion von Sprengstoff

Buna-Werk

- Metallgewerbe

➢ Die Industrie der Großstädte

Großstädte = Ballungskerne

                = Glieder der großräumigen Industriegebiete

                aktive Teilnahme an Industrialisierungsprozess

- Tradition + Zünfte
- Arbeiterschaft mit speziellen Fähigkeiten und Erfahrungen
- Kapital der Kaufleute
- Geographische Lage
- Absatzgebiet
- neue Betriebsstandorte abseits der Altstadt

7 mitteldeutsche Städte Leipzig, Dresden, Magdeburg, Chemnitz, Halle

                                Erfurt, Plauen

- Leipzig

Charakter einer Handelsstadt

zunehmende Bankengründungen

hervorragende Lage im neuen Verkehrsnetz

umfangreiches Arbeitskräfteangebot

quantitatives Wachstum → qualitative Veränderung

„grüne Wiese", Exportwirtschaft, Maschinenindustrie

Industriegroßstadt

- Halle

Privilegien für Fernhandel fehlten

hektische Phase der Hochindustrialisierung fehlt

stärker in Erscheinung treten Dienstleistungsbranchen

- Dresden

einzige Stadt mit statistischer Grosstadtgröße bereits 1852

Handelsstraßen

Bedürfnisdeckung des Hofes

34 Maufakturen für Textilerzeugung

Porzellanmanufaktur Meißen

2 Die Folgen der Industrialisierung

2.1 Die Bevölkerung

- Industrialisierung ↔ Bevölkerungswachstum

Fast alle demographischen Merkmale der Bevölkerung Mitteldeutschland veränderten sich durch den Industrialisierungsprozess.

1830	3,5 Mio. Menschen	60 Einw. / km²
1925	10,2 Mio. Menschen	190 Einw. / km²

größte Stadt war Dresden (1819)

größere Dichtewerte im Süden und Westen

Bevölkerungsschwerpunkt im Königreich Sachsen

Schwäche- und Stärkezonen der Bevölkerung

→ stürmisches Wachstum

→ stärkere Polarisierung, keine breiten Übergangszonen mehr

stärkstes Wachstum Halle-Leipziger-Verdichtungsraum

- Verstädterung

Städtewachstum = Übergang zur städtischen Lebensweise

Zunahme der Städte

Metropolen: Leipzig und Dresden

- gewandelte Stellung der Familie

traditionell große Kinderzahl

neu: gezielte Beschränkung

    Kinderreichtum = Verzicht auf Konsum + sozialen Aufstieg

- Binnenwanderung

verstärkte räumliche Mobilität de Menschen

Kontrast zwischen stark wachsenden Verdichtungsgebieten und den

schwächeren wachsenden bzw. stagnierenden ländlichen Räumen

Land-Stadt-Wanderung (Landflucht)

   - Nahwanderung: wg. Vielzahl von Industriestandorten

                    Bev.verschiebung ≠ Dorf → Stadt

                    = Kleinstadt → Großstadt

                    saisonale Schwankungen

   - interregionale Wanderungsbeziehungen:

          „Sachsengängerei" (von Polen)

          = jahreszeitliche Migration

          Hackfruchtbau, v.a. Zuckerrübenanbau

          West → Ost: Verlagerung einiger Rüstungsbetriebe

   - Pendelwanderung:

          Bitterfelder Industriegebiet

              motorisierter Individualverkehr, bis > 30 km

          ≠ so in den alten polyzentrischen Industriegebieten

          im Süden Sachsens und in Thüringen

          = ähnlich im Halle-Leipziger-Ballungsraum

- Arbeitsbedingungen

= lang, Lohn ist gering

Frauenarbeit nun auch in gewerblicher Industrie

- Wohnverhältnisse

Mietskasernen der Großstädte

- Arbeiterbewegung

Ziel = soziale Not zu lindern + gesell. Gegensätze zu entschärfen

Sozialgesetzgebung Bismarcks =erste Erleichterung

Jenaer Zeiss-Werke = Wegbereiter:

bezahlten Urlaub, Gewinnbeteiligung

Pensionsanspruch, Achtstundentag an sechs Tagen

drei sektorale soziale Hierarchien:

agrarische Gesellschaftsordnung des Landes

industrielle Gesellschaftsordnung der Stadt

Beamtentum und Kirche

2.2   Die Siedlungen

Bevölkerungswachstum → Siedlungswachstum   →   Erweiterung und

Verdichtung

bestehender Räume

Wandel des Bildes von Dörfern und Städten

Wandel der Funktion von Wohnplätzen

Stadt-Land-Gegensatz → Stadt-Land-Kontinuum : fließende Übergänge

Abnahme der Zahl der ländlichen Gemeinden

Zunahme der Zahl der Klein- und Mittelstädte

Mitteldeutschland → DIE Städteregion

➢   Ländliche Siedlungen

Beibehalten der agrarischen Funktionen

Veränderung der Form: Waldhufendörfer   →   langgezogenen

                                           Straßensiedlungen

Bauerndörfer mit gewerblichem Einschlag → Arbeiter-Bauern-Dörfer

Stadterhebung   =   Bau neuer kommunaler Einrichtungen

                                  (Rathaus, Post, Schule)

➢   Alte Kleinstädte

wichtigste Aufgabe bisher: Handels- (Markt-) und/oder Verwaltungsfunktion

→ Industriestädte mit neuen Betrieben und Wohnsiedlungen

Bahnanschluss, Spezialisierung des Einzelhandels, größeres Geschäftsangebot

➢   Große Mittel- und Großstädte

- Neubau von Wohnsiedlungen

  phasenhafte, ringförmige, sektorale oder mehrkernige

  Stadtentwicklung

  - bessere Mieshäuser für Mittel- und Oberschicht
  - einfache Mietsgebäude für Arbeiterschicht
  - Industriequartiere, Stadtrandsiedlungen

- Eingemeindungen

  Verwaltungsakt v.a. in der Hochindustrialisierungsphase

  bewusste städtische Wachstumspolitik

  - neue Freiflächen für Siedlungs-, Industrie- und
    Erholungsgelände
  - Bevölkerungsgewinn

  soziale Ausgleichsfunktion

  einige widersetzten sich erfolgreich → enge Zusammenarbeit

  Stadtentwicklungen waren dynamischer in Vororten

> Gartenstadt-Idee des Engländers HOWARD

z. B. Hellerau bei Dresden: Werkstätten für Handwerkskunst

Typenhäuser im Landhausstil

Naturnähe, lockere Anordnung

wg. 1. WK unvollendet

→ Beeinflussung auf den künftigen Städtebau – Breitenwirkung

> Schrebergärten auf Initiative des Orthopäden und Pädagogen
SCHREBER

Idee der Laubenkolonien ausgehend von Leipzig

> Infrastruktur

innerstädtische Verkehrswege – Verbindung von Wohn- und Arbeitsplatz

Vorortverkehr - Verknüpfung der Gemeinden mit städt. Einzugsbereich

funktionale Stadtviertel

2.3 Andere Folgen (Landwirtschaft, Verkehr, Tourismus)

> Landwirtschaft

neue Techniken: Mechanisierung der Feldbestellung

Steigerung der Produktivität des Ackerbaus

→ industrialisierte Landwirtschaft

Hackfruchtgebiete auf Basis der Zuckerrübe

Wechsel von Offenland und Wald

mehrere Stadien der Nutzungsextensivierung

> Verkehrsnetz

-     Schienennetz

Territorialgrenzen beeinflussen Gestaltung des Netzes

Stammbahn, Neben- und Kleinbahnen

-     Straßennetz

verstärkte Motorisierung

33

Verkehrsbelastung

zentral geplanter Autobahnbau zur Entlastung des

Fernstraßennetzes

➤ Tourismus

- Heilbäder =Orte mit besonderem Reiz

- Waldgebiete erhalten neue Funktion v .a. für Städter

- Luftkurorte

- Wintersport: Oberwiesenthal

- Wandervereine

- Elbsandsteingebirge

= ältestes Fremdenverkehrsgebiet Mitteldeutschland

„Sächsische Schweiz" = Ausdruck der Sehnsucht nach Alpennatur

„Weiße Flotte"

Aussichtsplätze (Königsstein), Gasthäuser, Pensionen

Übergang zum Massentourismus an attraktiven Plätzen

im „Dritten Reich": parteigesteuerte, preisgünstige Reise-

organisation „Kraft durch Freude" (KdF)

3 Die Wirtschaftsräume

Ergebnis des sozioökonomischen Umbruchs

ursprünglich: reine Agrargebiet ↔ gewerblich-agrarische Mischgebiete

Veränderungs-Ausmaß =ablesbar an Zugehörigkeit der Erwerbspersonen zu

den Wirtschaftsektoren

Verhältnis von agrarischer und industrieller Erwerbstätigkeit

Wirtschaftsräumliche Gliederung ↔ mitteldeutsche Landschaften

➤ stark industrialisierte Verdichtungsgebiete

• westsächsisch-ostthüringisches Verdichtungsgebiet

- mitteldeutsches Verdichtungsgebiet
- Elbtalweitung

➢ weniger verdichtete Industriegebiete
- in flächiger Gestalt
  elbnahe Börde bei Magdeburg, sächsisches Vogtland bei Plauen
  südliche Oberlausitz bei Bautzen, Thüringer Wald
- in punkthafter Verbreitung
  Thüringer Becken um Eisenach, Erfurt, Weimar, Jena
  Süd-, Ost-, Nordrand des Harzes

➢ Agrargebiete, ländliche Räume
im waldreichen Tiefland nördliche und östlich der Elbe
Fläming, Lausitzer Landrücken

➢ Mischgebiete
agrarische und industrielle Erwerbstätigkeit halten sich die Waage
- Südthüringen, thüringisches Vogtland
- Nordsachsen, Osterzgebirge
- nördliche Oberlausitz

Beziehung von Naturraumpotential und wirtschaftlicher Entwicklung
Anlass für ökonomische Aktivitäten geben:
- physische Kategorien: Relief und Lage, Ressourcen
- anthropogene Faktoren: Unternehmungsgeist, Mobilitätsbereitschaft
                          Flexibilität der sozialen Gruppen
                          historisch-politische Ereignisse

Naturraumgrenzen ≈ selten Wirtschaftsräume
Mittelgebirge/Bergland + Hügel-/ Tiefland Gegensatz ist nur für die
Landwirtschaft von Bedeutung

Kulturraum in der DDR-Zeit

sechs Jahre Krieg und mehr als vier Jahrzehnte Fremdbestimmung

→ verhängnisvolle Situation

ungünstige Bedingungen: Auflösung des Privateigentums

                                  Verstaatlichung der Produktionsmittel

                                  Zentralverwaltungswirtschaft

                                  Beschränkung der persönlichen Freiheit

- Gleichgültigkeit des einzelnen gegenüber dem anonymen „vergesellschafteten" Eigentum
- nivelliertes Lohnniveau, gezielte Überbeschäftigung, verdeckte Arbeitslosigkeit
- Wegfall der steuernden Wirkung des Marktes, Mangel und Überfluss an Waren zugleich
- Produktion billiger Massenware

1 Bodenreform und Kollektivierung der Landwirtschaft.

➢   „demokratische" Bodenreform

1. Phase: Enteignungen. LPG, VEG

2. Phase der Agrarreform: Kollektivwirtschaft

                                  unterschiedliche Typen von LPGs:

                                  LPG III = Vergesellschaftung aller Produktionsmittel → v. a. Ackerbau

                                  LPG I + II beschränkte „Vergesellschaftung" Getreidebau und Grünlandwirtschaft

3. Phase: Kooperationsgemeinschaften KOG

                                    Spezialgroßbetriebe der Pflanzen- und Tierproduktion

                                    Kooperationsverbände KOV

Agrar-Industrie-Vereinigungen AIV

➢ Folgen

- Flurformen: Monotonie der Agrarlandschaft
- Siedlungsstruktur: neue Wirtschaftskomplexe am Ortsrand

Dörfer → LPG-Arbeiter-Wohnsiedlungen

- agrarsoziales Gefüge:

soziale Unterschiede zwischen Stadt und Land verwischen

selbständige Bauern → Lohnarbeiter im Schichtdienst

- Bodennutzung: Ausweitung der flächenproduktiven formen
- Betriebsziel:

Marktfruchtproduktion mit hoher Selbstversorgungsrate

- Nachteile des Systems
  - übergroße Betriebseinheiten
  - fehlende Verbundenheit der Arbeitskräfte
  - hoher Mechanisierungsgrad
  - Umweltschäden

2 Kombinatsbildung in Industrie und Bergbau

2.1 Die Industrie

Industrie sicherte der DDR einen hervorragenden Platz im schwach entwickelten Ostblock

hinausschieben des Endes des Industriezeitalters

Nord-Süd-Gegensatz in der Entwicklung des neuen Staatsgebietes

Wachstum + Stagnation

Autarkiestreben

industrielle Entwicklung – drei Phasen:

- Wachstum durch Erweiterung und Neugründung
- Erweiterung
- Wachstum oder Stagnation bis Rückgang

Kombinat = Versuch die Mängel der verstaatlichten Industriebetriebe zu beseitigen und Produktion zu steigern

Verbindung: Zulieferindustrie, Forschung, Ausbildung, Handel

Erstreckung über mehrere Bezirke, Kreise:

→Erhöhung des Transportaufwandes

- VEB Kombinat Chemische Werke Buna
- VEB Kombinat Mikroelektronik Erfurt
- VEB Kombinat Trikotagen Limbach-Oberfrohna
- VEB Kombinat Spielwaren Sonneberg
- Superkombinat Robotron in Dresden
- VEB Baumwollspinnerei und Zwirnerei Leinefeld

2.2   Der Bergbau

Bergbau- und Hüttenkombinat „Albert Funk"

Braunkohlebergbau

Großkraftwerk Boxberg = größtes Braunkohlekraftwerk der Welt

3   Die Umweltschäden

wahre Ausmaß = erst nach der Wiedervereinigung analysiert und zur Kenntnis genommen worden

„Ökonomie vor Ökologie"

Landschaftsschäden:

- Grundwasserabsenkung
- Luftverschmutzung
- Waldschäden, -sterben
- Kontamination von Boden und Pflanzen
- Gewässerverschmutzung

4   Der „sozialistische Städtebau"

„sozialistische Lebensformen" → kollektive Bewusstsein der Bevölkerung

- alleinige Verfügungsgewalt über Grund und Boden hat der Saat
- privates Bauverbot
- Einfrieren der Mietpreise
- Planung des Wiederaufbaus

Effektes der Ideen des Sozialismus:

- Kapital reicht nicht aus
- Zunahme der überbauten Stadtfläche
- Großblockweise in dichter Massierung
- Magistrale zerschneiden innerstädtischen Raum
- unvollständig gebaute Versorgungszentren
- Großwohnanlagen als Typ der Stadtrandsiedlungen → Suburbanisierung wie im Westen findet nicht statt
- Segregation der Stadtbevölkerung
- kein neuer Stadttyp hervorgebracht
- geringe Veränderung des Stadtsystems

5   Die Bevölkerung

allg. schrumpfende Bevölkerung

anfangs steigende Bev. durch Zwangswanderung von Vertriebenen

Westwanderung → Massenflucht bis zum Bau des Eisernen Vorhangs

unmittelbare und mittelbare Konsequenzen der Fluchtbewegung sind unübersehbar:

- Leiden der natürlichen Bevölkerungsbewegung → Dezimierung der zeugungsfähigen Altersgruppen

- Altersaufbau → Überalterung
- Verschiebung der Geschlechterproportionen
- Minderung des Arbeitskräftepotentials am Arbeitsmarkt

Binnenwanderung = staatlich gelenkt

→ Resultat der demographischen Wandlungsprozesse
  - erhebliche Verluste der östlichen Mitte innerhalb der DDR
  - anhaltende Landflucht wird staatlich gelenkt
  - Wachsen der Ballungskerne
  - Zunahme der Polarität
  - Wandel der sozialen Strukturen durch die Abschaffung der Klassenunterschiede

6   Der Tourismus

planwirtschaftlicher Sozialtourismus:

    zentrale Ferienplatzzuweisung

    unzureichendes Angebot und geringer Komfort

Erholungsgebiete = Mittelgebirge v. a. Thüringerwald + traditionelle Plätze

Naherholungsgebiete

Städtetourismus

Besichtigungstourismus

7   Das Raummuster im Wandel?

strukturelle Eingriffe in alle Lebens- und Wirtschaftsbereiche

    Kollektivierung im Agrarraum

    Kombinatbildung in Industrie und Bergbau

    Umbau der Städte

Raumpolitik der Ausgleichs = Deglomeration wird aufgegeben

vier Bevölkerungs- und Wirtschaftsräume:

(1) Thüringen

mittlere Bev.dichte, gleichmäßige Industrie, keine Ballungsräume

(2) Nordsachsen-Anhalt

Ballungsgebiet Halle-Leipzig

Industriegebiete Bitterfeld-Dessau-Wittenberg

größte Bevölkerungsagglomerationen

hohe Industriedichte

Überbelastungserscheinungen

(3) Südsachsen

Ballungsräume Karl-Mark-Stadt – Zwickau, Dresden

höchste Bevölkerungs- und Industriedichte der östlichen Mitte

(4) Lausitz

Industriegebiet mit starkem Wachstum

geringe Bevölkerungsdichte, aber neue Agglomerationen

Wald- und inselartige Agrargebiete

Räumliche Tendenzen nach der Wiedervereinigung

negative Begleiterschienungen der freien Marktwirtschaft

Liberalisierung der Sowjetunion → Zusammenbruch des sozialistischen Systems in der DDR

Strukturbruch: Wiederherstellung des Privateigentums

                Ablösung der zentralistischen Planwirtschaft durch die soziale Marktwirtschaft

                Wiedergewinnung der persönlichen Freiheit

selbstverantwortlich denken und handeln → Demokratie lernen!

1   Privatisierung der Landwirtschaft

LPG + VEB →   Auflösung der übergroßen Betriebseinheiten + Wiederherstellen der bäuerlichen Mischwirtschaft

vier Interessensgruppen:

- Landwirte und Gutsherren

  illegal enteignete, komplizierte Rechtsprobleme

- ortsansässige Wiedereinrichter
- orts- oder nichtortsansässige Neueinrichter
- Nachfolgegesellschaften

  = häufigste Form der (Re-) Privatisierung

Folgen:

- Rückgang der landwirtschaftlichen Nutzfläche

  Wüstfallen und Aufforstung

- Ackerbau

  Extensivierung durch Umwandlung von Acker- in Grünland

  Getreide – und Rapsanbau, Weinanbau

- drastischer Rückgang der Viehhaltung
- Steigerung der Produktivität

- Vergrößerung der Betriebszahl und Zunahme der Zahl von Nebenerwerbsbetrieben
- Pachtverträge
- starker Rückgang der Arbeitskräfte

Hauptproblem   = Mangel an Kapital und Erfahrung bei vielen neuen Landwirten

2   Der Bergbau im Niedergang

➢ Erzbergbau

Stillegung und Sanierung

sinnvolle Nachnutzung

Weiterbeschäftigung der freigesetzten Arbeitskräfte

➢ Bergbau im Deckgebirge

Fusion der Mitteldeutschen Kali AG und der Kali und Salz GmbH in Kassel

➢ Braunkohlenbergbau

Rückgrat der Energieversorgung und die unverzichtbare Basis der Industriewirtschaft

3   Industriesterben und Neuanfänge

historisch gewachsene Gewerbe dominierten

Wegbrechen der Ostmärkte

veraltete Industriesubstanz

Produktionsweisen ohne Neuerungen

Ent- oder Deindustrialisierung

→ Arbeitsmarkt

→ Privatisierung: Rückgabe an Ex- Eigentümer

→ Entflechtung: Aufgliederung der ehem. Kombinatein mittelgroße / kleine Betriebe

→ Sanierung

→ Stilllegung

➢ monostrukturell aufgebaute Industriegebiete

negativ: Industriesterben

positiv =   Gründung des Volkswagen-Montagewerks bei Zwickau

               Neoplan Omnibuskarosseriewerk in Plauen

               erhalten die Kfz-Erzeugung aufrecht

➢ vielseitig aufgebaute meist großstädtische Industriegebiete

Dresden + Leipzig

potentielle Investoren

Entwicklungs- und Produktionszentrum für Mikrochips des Siemens-Konzerns in Dresden

4   Die Sanierung der Altlasten

industrielle Altlasten: verrottete Gebäudesubstanz

                            deponierte Abfälle von Industrie und Bergbau

                            Schlämmteiche der Uranverarbeitung

→ Aktions- und Förderprogramme

integrale Landschaftsplanung

5 „Grüne Wiese" contra Innenstadt

Suburbanisierung = dominierende Raumprozess

Wohnparks

Gewerbeparks [umfangreichste Entwicklung im Halle-Leipziger Raum]

Einzelhandel   ↓

> Zusammenarbeit beider Großstädte
> mit dem Ziel der Raumordnung in
> beidseitigem Interesse

Standort für Großmärkte am Rand:

> großer Flächenbedarf
>
> billiger Baugrund
>
> fehlende planerische Regulierung
>
> lokale Initiativen zur Stärkung der Wirtschaftskraft
>
> regionale Erreichbarkeit

Nachteile des überschnellen Wachstums:

- überdimensionaler Landschaftsverbrauch
- verkehrstechnische Probleme
- Überangebot von Nutzfläche und Waren
- ästhetische Monotonie der Baukörper

schwache Attraktivität der Innenstädte

- ungeklärte Eigentumsverhältnisse
- hoher Investitionsbedarf
- zu kleine Ladengrößen
- gestiegene Mobilität und geändertes Konsumverhalten der Kunden
- abstoßende Wirkung der innerstädtischen Baustellenlandschaft
- zu wenig Kundeparkplätze, kein P+R-System

Tendenzen der Entwicklung:

- Altstadtbereich

  City-Bildung

- gründerzeitliche Wohnviertel

  Erneuerung der Bausubstanz → Anstieg der Immobilienpreise

  Selektion der Wohnbevölkerung

- gemischte Wohn- und Industrieviertel

  Verfall und Abwanderung

- Stadtrand

  Eigenheimbau

- Umland

  Aufstieg durch Gewerbe- und Wohnparks

6 Verkehrskonzepte und touristischer Neubeginn

Aus- und Aufbau des Nachrichten- und Verkehrsnetzes

telefonische Verbindungen, private Fernsprechanschlüsse

Straßen: langfristiges Aufbauprogramm

Anschluss an das westeuropäische Verkehrsnetz

Verkehrswegeplan

Chaos durch Baustellen

neue Ost-West Verbindungen oder Ausbau alter

wichtiger Verkehrsknoten: Halle-Leipzig

Flughäfen: international: Halle/Leipzig und Dresden/Klotzsche

national: Erfurt und Hof

Tourismus:

geringe Nachfrage

unzureichende touristische Infrastruktur

Bedeutungsverlust des Freizeitsektors als Einkommensquelle

Erholungs- und Ausflugsgebiete: Nationalpark Harz

                                        Nationalpark Hochharz (um Brocken)

                                        Nationalpark Sächsische Schweiz

Besichtigungstourismus: Touristenstraßen

Städtetourismus

7 Die Bevölkerung zwischen Unsicherheit und Hoffnung

hochgradige Arbeitslosigkeit

Verschiebung der Berufsgliederung nach Wirtschaftzweigen

- ➢ Bevölkerungsentwicklung

  negativ: erneute Ost-West-Wanderung + drastischer Geburtenrückgang

  Abwanderung v.a. nach Bayern, Baden-Württemberg, Nordrhein-Westfalen

- ➢ Altersstruktur der Abwanderer

  junge, mobile, ausgebildete und arbeitsplatzsuchende Bevölkerung

- ➢ generatives Verhalten

  anhaltende Abnahme der Geburtenziffern

  natürliches Defizit

  demographische Alterung des Gesamtgebietes

  Einbuchtung der jüngsten Jahrgänge